Impressum:

Copyright © 2016 GRIN Verlag, Open Publishing GmbH
Druck und Bindung: Books on Demand GmbH, Norderstedt Germany
ISBN: 9783668300613

Dieses Buch bei GRIN:

http://www.grin.com/de/e-book/340065/reflexive-kartenarbeit-kritisches-hinterfra-
gen-der-darstellung-afrikas

Charlott Zitschke

Reflexive Kartenarbeit. Kritisches Hinterfragen der Darstellung Afrikas im Zeitalter der Globalisierung

GRIN Verlag

Friedrich-Schiller-Universität Jena

Sommersemester 2016

Institut für Geographie

Lehrstuhl für Didaktik der Geographie

Reflexive Kartenarbeit –

eine Kartenarbeit des kritischen Hinterfragens

am Beispiel Afrikas im Zeitalter der Globalisierung

Seminararbeit

vorgelegt von:

Charlott Zitschke

Studiengang: Geographie/Sozialkunde (LA)

Semester: 4/4

Abgabedatum: 30.07.2016

Inhalt

1   Einleitung

Ein Geographieunterricht, der den Einsatz von Darstellungen, insbesondere Karten, vernachlässigt, ist unvorstellbar (HÜTTERMANN 2012:192). Gemäß (ICA 2003:17) stellen Karten als „[...] a symbolized representation of a geographical reality, representing selected features and characteristics, resulting from the creative effort of its author's execution of choices, that is designed for use when spatial relationships are of primary relevance." eine fundamentale und fachspezifische Komponente des Geographieunterrichts dar. Die Besonderheit von Karten zeichnet sich einerseits durch die räumliche Veranschaulichung von räumlichen Gegebenheiten und andererseits durch die einzigartige Grafik aus (HÜTTERMANN 2012:212). Das Lesen von Karten ist eine Kulturtechnik und verhilft zur räumlichen sowie sachlichen Ausrichtung im Alltagsleben. Auch ermöglicht sie die Aneignung eines raumbezogenen Weltwissens. Die reflexive Arbeit mit Karten intensiviert diesen Standpunkt. Die Kartenarbeit des kritischen Hinterfragens impliziert weitgehend die Auseinandersetzung mit dem Medium Karte. Neben der Hypothesen- und Sinnbildung erlangt der Kartenleser ein umfassendes Weltwissen- und verstehen (GRYL 2014:4). Im Folgenden bietet diese vorliegende Seminararbeit einen Einblick, inwiefern, angesichts der fachdidaktischen Pluralität, kritisch mit Karten umgegangen und ein raumzentrierter und kritisch geografischer Zugriff, erlangt werden kann. Es soll aufgezeigt werden, dass es ein wesentliches Bestreben des Geographieunterrichts ist, die Schüler(innen) zu befähigen, Argumentationen auf der Basis von Karten zu vernehmen, kritisch zu hinterfragen und durch Gegenargumente zu entkräften (Vgl. DGFG 2007:25). Im Rahmen dieser Seminararbeit wird die Kartenarbeit des kritischen Hinterfragens am Beispiel Afrikas im Zeitalter der Globalisierung thematisiert werden. Globales lernen – die Welt zu deuten, zu erfahren und zu verstehen. Der Lebensalltag, inmitten der Globalisierung, ist gekennzeichnet durch Undurchschaubarkeit und Fremdbestimmtheit. Dies erfordert die Auseinandersetzung mit den politischen, sozioökonomischen und kulturellen Vorgängen als gestaltbare Entwicklung (GROBBAUER & THALER 2010:126). Ziel ist es, den Kartenvergleich und demzufolge die Karten, als gemachte Präsentationen zu verstehen. Zunächst werden die zu betrachtenden Karten präsentiert. Im Anschluss daran wird in der Sachanalyse, vor dem Hintergrund des Lehrplans sowie der fachlichen und kartographischen Perspektiven, die Auswahl der Karten begründet. Daran anknüpfend folgt die Didaktische Analyse, in der vor dem Hintergrund des kartographischen Zugriffs (raumzentriert und kritisch geografisch), des Vermittlungsinteresses und der didaktischen Prinzipien die Zusammenführung der Methoden und Aufgaben begründet und dargelegt werden.

2   Präsentation der Karten

Das Konzept des Globalen Lernens erfordert eine tiefgründige Auseinandersetzung mit der Welt und lenkt den Blickpunkt auf die globalen sozialpolitischen, wirtschaftlichen und kulturellen Verflechtungen. Die Globalität als Perspektive und Ausgangspunkt, sowie deren miteinander vernetzte Prozesse, sind gegenwärtig die unausweichliche Realität (GROBBAUER & THALER 2010:128).

Anmorphotische Karten beziehungsweise ‚cartograms' stellen eine Neuerfindung des 20. Jahrhunderts dar, die unterstützend durch den zunehmenden Einsatz von Computern, eine in der Literatur häufige Darstellungsform einnehmen. Die cartograms sind insofern von großer Bedeutung, dass die physische Größe von den entsprechenden Staaten und Kontinenten, auf der Grundlage von demographischen Variablen wie beispielsweise dem Bevölkerungswachstum, dem Wasserverbrauch oder der Umweltverschmutzung, verändert und angepasst wird (MICHEL, DEPNERING, WINTER, NOETZLI 2014: o.S.). Die physische

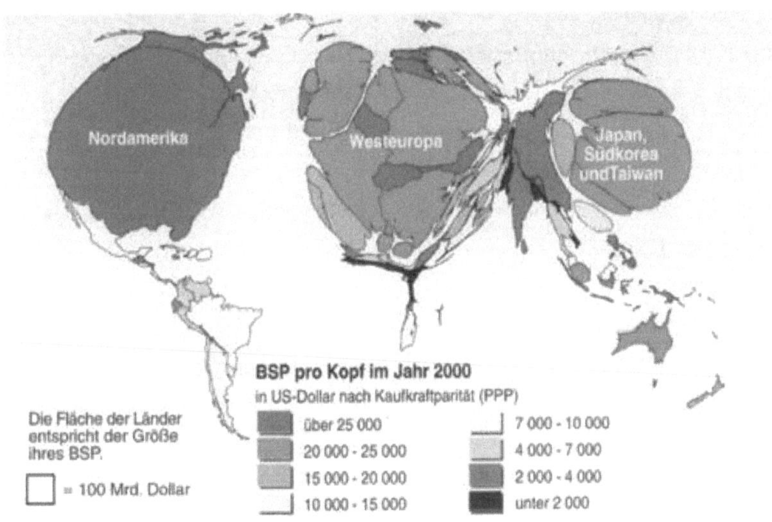

Abb. 1: Bruttonationaleinkommen pro Kopf im Jahr 2000.

(aus: Die anamorphotische Weltkarte.
<http://www.heise.de/tp/artikel/14/14684/14684_1.jpg> (Zugriff: 15.07.2016)).

Größe wurde in der vorliegenden Karte entsprechend der demographischen Variable des Bruttonationaleinkommens von 2000 unter dem Schwerpunkt der Globalisierung angepasst und veranschaulicht dargestellt (siehe Abb. 1). Entsprechend der statistischen Daten wurden die geographischen Größen sowie die Gestalt verzerrt. Verfremdungen sind in der gesamten Karte vorhanden. Während die Kontinente Süd- und Nordamerika sowie Australien annähernd der gewohnten Kartendarstellung eines Schulatlanten entsprechen und erahnen lassen, irritieren insbesondere Westeuropa, Afrika und Asien die geographischen Vorstellungen. So werden die Kontinente Nordamerika, Europa und teilweise Asien gemäß dem Bruttonationaleinkommen stark ausgedehnt beziehungsweise vervielfacht und Afrika sowie Zentralasien enorm verkleinert abgebildet. Bedeutungsvoll ist zudem die angenehme Lesbarkeit der Karten. Die ausgedehnteren Regionen weisen eine größere Menge der gewählten Bezugsvariablen auf. Vor dem Hintergrund der typischen Größenverhältnisse, erwecken die zum Teil starken Verzerrungen, das Aufsehen des Betrachters. Die extremen Abweichungen fallen besonders ins Auge. Da bei einigen Exempeln die Abweichung so stark ist, dass vereinzelte Kontinente kaum erkannt werden können, werden je nach Höhe der Kaufkraftparität in US-Dollar (PPP), Farbabstufungen verwendet, die spezifische räumliche Trends und Entwicklungen ableiten lassen. So ist eine Identifikation ermöglicht. Diese Betrachtungsweise erwirkt das Nachdenken an die Ansprüche und Erwartungen darüber, wie eine Weltkarte auszusehen hat.

Der Kontinent Afrika wird häufig als Beleg aufgeführt, dass die Globalisierung den Entwicklungsländern einen außerordentlichen Schaden zufüge. Die Länder mit einem Entwicklungsrückstand unterliegen dem Prozess der Marginalisierung und hätten keine Möglichkeit, dem Teufelskreis der Bedürftigkeit und Verarmung zu entfliehen. Die afrikanische Teilhabe am Welthandel hat, bezogen auf die vergangenen 50 Jahre, rapide abgenommen. Konnte der afrikanische Kontinent 1948 noch 7,4% verzeichnen, sank dieser bis 1963 auf über 5,7%. 1999 fiel der Anteil gar auf 2,0%. In diesen Berechnungen sind bereits Nordafrika und die Republik Südafrika inbegriffen, ohne die der Kontinent Subsahara-Afrika einen Welthandelsanteil von lediglich 0,8% zu verzeichnen hätte. Zudem weist Afrika, neben einer geringen Lebenserwartung, einer drastischen Kindersterblichkeit, dem eingeschränkten Zugang zu Trinkwasser und Telefon, mit nur 490 US $ (Stand: 1999), das geringste Pro-Kopf-Einkommen auf (WIEMANN 2002: o.S.).

Während in Abbildung 1 mit dem Bruttonationaleinkommen, eine Sequenz der Globalisierung aufgezeigt wird, anhand derer sich die soeben dargelegte Faktenlage bezüglich Afrika bestätigen lässt, wird in Abbildung 2 die echte Größe Afrikas aufgezeigt (siehe

Die **wahre** Größe **Afrikas**

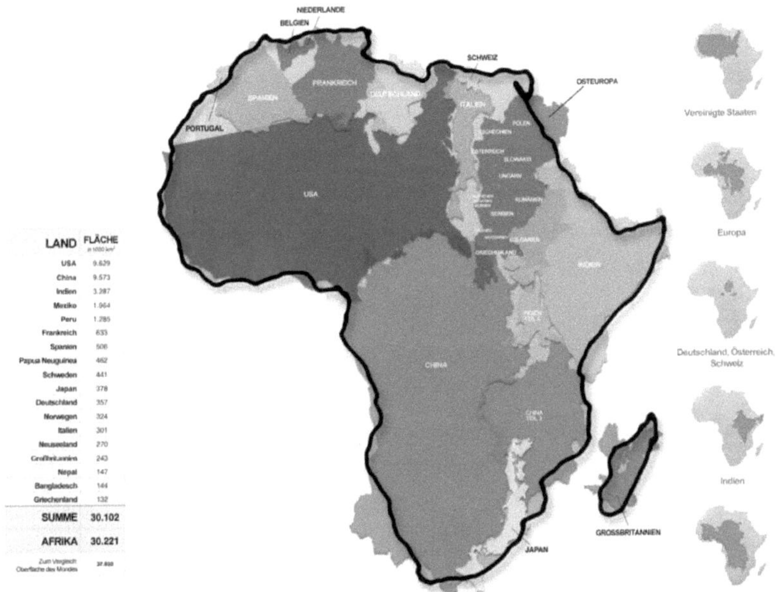

Abb. 2: Die **wahre** Größe **Afrikas.**

(aus: Die wahre Größe Afrikas.
<http://www.oxford-business-news.com/afrika_big.jpg> (Zugriff: 15.07.2016)).

Abb. 2). Die Prognosen der Globalisierung sowie die Marginalisierung der Entwicklungsländer lassen Fehleinschätzungen bezüglich der wahren Größe Afrikas zu und verschleiern diese. Diese Karte versucht das enorme Ausmaß dieses Kontinents darzustellen, der
größer ist als die USA, China, Indien, Japan und ganz Europa zusammengenommen. Der
30.221.532 Quadratkilometer große Kontinent, wird dem Betrachter erst mit mehrmali-
gem Anschauen bewusst. Der Anblick der Karte und das grafisch inszenierte Layout il-
lustrieren folgenden Tatbestand: Afrika ist flächenmäßig viel ausgedehnter, als die meis-
ten Menschen erahnen! Die verkleinerten Afrikakarten im rechten Teil der Grafik zeigen
das Verhältnis einiger Länder gegenüber Afrika auf und führen dem Betrachter die wahre
Größe Afrikas vor Augen. Ein weiterer Vergleich lässt sich aus der Tabelle im linken Teil
der Grafik erlesen. So ist der zweitgrößte Kontinent der Erde fast so groß wie der Mond
(37.932.000 Quadratkilometer). Die Afrikakarte verdeutlicht weniger, wie der afrikanische Kontinent sich in die Welt einfügt. Viel mehr wird aufgezeigt, wie die Welt sich in

den Kontinent Afrika einbettet. Dabei ist unter anderem die Farbgebung zu berücksichti-
gen, die zum einen die Vielseitigkeit des Kontinents aufzeigt und zum anderen auf die
riesige Größe vieler afrikanischer Nationen, die Potential für weitreichendes ökonomi-
sches Wachstum besitzen, aufmerksam macht.

Die Karten verkörpern modellhafte Repräsentationen der sie umgebenden Wirklichkeit.
Indem sie komplexe Wirklichkeit begreifen und dezimieren, sind Karten ein beachtenswertes Medium der Orientierung und Verständigung. Dabei ist anzumerken, dass Karten
lediglich ein verzerrtes Abbild der Realität darstellen und eine je unvollständige, aber
einzigartige Sicht auf die Welt ermöglichen (DAUM 2011:11-12).

3   Sachanalyse

Die Welt erfährt tagtäglich zahlreiche und zum Teil schwerwiegende Veränderungen.
Viele dieser Veränderungen werden als gegenwärtige Bedrohungen, Fragen sowie Her-
ausforderungen thematisiert und mittels der Medien auf das Bewusstsein der Gesellschaft
übertragen. So erlangen beispielsweise die Themenkreise um den Klimawandel, die Be-
funde zur Vergrößerung von Hunger und Armut oder eben der besagte Themenschwer-
punkt, die Globalisierung, große Bedeutung und berühren die sozialen sowie individuellen Lebenswelten tiefgründig (THÜRINGER MINISTERIUM FÜR BILDUNG, WIRTSCHAFT
UND KULTUR 2012:5). Karten dienen in öffentlichen und globalen Auseinandersetzungen
häufig der Untermauerung von Argumentationen und sind zahlreich im WorldWideWeb
aufzufinden, sie fungieren zumeist als „objektive Belege" der zu belegenden Thesen.
Nichtsdestotrotz stellen Karten ein Endprodukt mannigfaltiger Entschlüsse der Karten-
produzenten dar. Diese Entscheidungen schließen neben dem Maßstab, der Projektion
und der Kartensymbolik, ebenso die Abgrenzung von Kategorien und Farbigkeit ein. So
bedingt die Interessenlage des Kartenherstellers, was die Karte aufzeigt und was verbor-
gen bleibt, was hervorgehoben und akzentuiert wird und was keine Beachtung erfährt.
„Besonders häufig ist die politische Instrumentalisierung von Karten zur Beeinflussung
und Manipulation der Kartennutzer, welche diese nicht als soziale Konstruktion, sondern
als neutrale Reproduktion von objektiven Gegebenheiten und Zusammenhängen anse-
hen." (BUDKE 2014:86). Demgemäß impliziert ein wegweisendes Ziel des Schulfaches
Geographie, ebenso wie die Unterrichtssequenz mit dem zu bearbeitenden Kartenmaterial, dass den Schüler(innen) ein Weg eröffnet wird, um Argumentationen auf der Grundlage von Karten und verschiedenen Perspektiven nachvollziehen zu können, kritisch zu
hinterfragen und durch mögliche Gegenargumente zu belegen (DGFG 2007:25). Somit

verzeichnet der Geographieunterricht einen gewinnbringenden Anteil, mündige Bürger zu erziehen, die sich nicht durch kartographische Darbietungen täuschen und irritieren zu lassen. Auf diese Weise geht für die aktive Gesellschaft sowie die damit implizierten mündigen Individuen die drängende Herausforderung hervor, entsprechende Fragen und aufkommende Schwierigkeiten festzustellen, zu verstehen und durch tatsächliches Handeln überwinden zu können. Die Begründung der Auswahl des Kartenmaterials ist naheliegend. Die Karten wurden ausgewählt, da sie einen vielseitigen Blick auf die Welt zulassen und die Schüler(innen) zunächst irritieren werden, aufgrund verschiedener Perspektiven und Eigenschaften, die in den Karten selbst verankert sind. Die Bezeichnung Perspektive meint vorübergehend das Wort ‚hindurchsehen'. Es ist wichtig verschiedene „Brillen" aufzusetzen, sodass je nach Betrachtungswinkel, anderweitige Perspektiven und Eigenschaften das Tageslicht erblicken. Benutze ich eine Brille, so vernachlässige ich mögliche Eigenschaften und schaue durch eine Sache hindurch, da ich eine bestimmte Eigenschaft sichtbar machen möchte (Vgl. RHODE-JÜCHTERN 2012:64). In Abbildung 1 lässt sich sofort erkennen, dass die Beobachtung zunächst gesteuert wird durch die Methode der Verzerrung, sodass aufgezeigt wird, dass beispielsweise der Kontinent Afrika als Folge der Globalität untergeht. Andere Aspekte, wie die Variable des Bruttonationaleinkommens, die starke Verfremdung oder die Farbgebung, werden vorerst nicht beachtet und es wird durch diese hindurchgesehen. Die Perspektive ist vorübergehend zentriert auf die Verzerrung. Die somit implizierte Irritation, die sich aus der bloßen Betrachtung ergibt, verdeutlicht den gesonderten Charakter dieser Karte. Erst in einem erneuten Blick, werden weitere Phänomene wahrnehmbar und greifbar. Oftmals wird die Verzerrung unscharf gemacht, mit dem Zweck, die Perspektivität zu verschleiern. Zu beachten ist, dass Perspektivität unvermeidbar ist und stets reflektiert werden muss. Indem Aspekte aus verschiedenen Blickwinkeln betrachtet werden, sollten andere nicht vernachlässigt, sprich mitgedacht und mitgewusst, werden (RHODE-JÜCHTERN 2012:66). Mit der in Abbildung 2 dargestellten wahren Größe Afrikas erfahren die Schüler(innen), dass die für sie vertrauten Wahrnehmungsmuster, bezüglich der kartographischen Kenntnis, an dieser Stelle nicht ausreichen. Das überaus groß erscheinende Afrika bewirkt, dass die Orientierung der Schüler(innen) scheitert, denn dieses Kartenmaterial gekoppelt mit dem Phänomen Globalisierung, ergibt gegenwärtig keinen Zusammenhang und wirkt irritierend. Die aufkommende Verwirrung erweckt eine Situation, charakterisiert durch Wissbegier und Verlorenheit zugleich. Infolge der aufkommenden fesselnden Wirkung wird eine neue Sinngebung geschaffen, da die Schüler(innen) das unhinterfragte Verständnis für das Kartenmaterial nicht weiter beachten und sich distanzieren. So ist es möglich, dass ein Perspek-tivenwechsel hin zu den Karten konstruierenden Tätigkeiten vollzogen und Neuland be-treten wird, indem Dinge betrachtet werden, die sich für gewöhnlich dem Blick der Schü-ler(innen) entziehen. Mit der Abbildung 2 „Die **wahre** Größe **Afrikas**" drängen sich den Schülern Fragen bezüglich der Karten herstellenden Prozesse und Gedanken des Karten-machers unverzüglich auf. So dient der Einsatz dieser Karten dem Erlernen kritischen Hinterfragens indem ein Perspektivenwechsel vollzogen, und um mindestens eine weitere Perspektive ergänzt wird, sowie der Übung des Kritisierens von kartenbasierten Beweis-führungen. Ferner begünstigt die reflexive Kartenarbeit die Kompetenzentwicklung und trägt entscheidend zur Verwirklichung der fachbezogenen Medienkompetenz bei. (GRYL 2014:8-9).

Die Besonderheit des Schulfaches Geographie zeichnet sich ebenso in seiner Funktion als Integratives Fach aus. Speziell im Bereich der Umweltbildung und des Globalen Lernens erlangt der integrative Aspekt hervorstechende Wichtigkeit (THÜRINGER MINISTERIUM FÜR BILDUNG, WIRTSCHAFT UND KULTUR 2012:5). So erlangt das Globale Lernen eine verstärkende Bedeutung in der schulischen Praxis und im Bildungssystem. Demgemäß ist zu fragen, welche Kompetenzen die Individuen im Umgang mit dieser zusehends kom-plexeren und globalisierten Welt benötigen. „Eine wesentliche Aufgabe von Bildung be-steht heute darin, Menschen zu befähigen, diese komplexen Entwicklungsprozesse zu verstehen und eigene Mitverantwortung sowie Möglichkeiten zur gesellschaftlichen Teil-habe und zur Mitgestaltung in der Weltgesellschaft zu erkennen." (STRATEGIEGRUPPE GLOBALES LERNEN 2009:6). Innerhalb der Unübersichtlichkeit und Fremdbestimmheit des Lebens ist es von großer Notwendigkeit, politische, soziale, ökonomische sowie kul-turelle Aspekte als wandelbare Entfaltungen zu begutachten. Das Globale Lernen setzt sich als Ziel, die Wahrnehmung und das Verstehen von verzweigten Prozessen zu unter-stützen und die Möglichkeit einer individuellen Urteilsbildung einzuberufen sowie das Finden von Entscheidungen zu stärken. Die Lernherausforderungen sind dabei der Um-gang mit der Komplexität und dem Nicht-Wissen, der Umgang mit Sicherheit und Unsi-cherheit, der Umgang mit dem Raumbezug und der Raumlosigkeit angesichts der Ent-grenzung gesellschaftlicher Prozesse sowie der Umgang mit Vertrautheit und Fremdheit (GROBBAUER & THALER 2010:125-130). Vor dem Hintergrund der Globalität und des Globalen Lernens wurde dieses Kartenmaterial ausgewählt, um bisher nicht in ins Ge-dächtnis gerufene Grenzen zu überschreiten und die Fremdheit innerhalb der Karten auf-decken zu können. Den besagten nicht zu verändernden Entfaltungen, die der Diskurs Globalisierung erzeugt, sollen mithilfe der in Abbildung 2 dargestellten wahren Größe

Afrikas, Denkräume für individuelle Visionen entgegengestellt werden. Anstelle von Angst und Zweifel bezüglich der aufgeführten Katastrophe, soll auf der Grundlage des Globalen Lernens, zur Befähigung des Aktiv-Seins verholfen werden. Die anamorphotische Karte in Abbildung 1 zeigt die sich wandelnde Wissensgrundlage auf. Heute aktuelles ist am morgigen Tag bereits rückständig. Der Anteil des individuellen Nicht-Wissens ist bedeutend ausgedehnter als der des Wissens. Auch soll verdeutlicht werden, dass es eines diskursiven Denkens bedarf. So sollten, bezüglich des verwendeten Kartenmaterials, die Wirkungen, die davon ausgehen das etwas unter speziellen Annahmen als wahr behandelt wird, begutachtet werden. Den Karten liegen einzelne Facetten der Globalisierung zugrunde. Die kartographischen Darbietungen grenzen sich dennoch sehr stark voneinander ab, da die Karten als Argumente für zwei unterschiedliche Thesen konstruiert wurden. So lässt sich abschließend sagen, dass das Globale Lernen als kompetenzorientiertes Konzept zum Verständnis von komplexen Wirkungsgefügen beiträgt (GROBBAUER & THALER 2010:132-138).

4   Didaktische Analyse

Mit der Betrachtung des in Abbildung 1 und 2 dargestellten Kartenmaterials werden die vertrauten Wahrnehmungsmuster zunächst nicht ausreichen. Die Schüler(innen) schweifen aufgrund der Unkenntnis in die Orientierungslosigkeit ab und sind irritiert. Die auftauchende Verwirrung regt eine Situation, charakterisiert durch Neugierde und Verlorenheit, an. Da mit dem Diskurs der Globalisierung eine bestimmte Vorstellung forciert wird und demzufolge ein Weltbild vermittelt wird, welches tief verankert ist aber mit diesen Karten an Relevanz verliert, werden die Schüler(innen) eine Krise erfahren. Die Schülerinnen und Schüler werden implizit aufgefordert, sich mit den thematisierten Praktiken auseinanderzusetzen, anzuzweifeln und neu zu verstehen. Aufgrund der in sich komplexen Wirkzusammenhänge sowie der Verankerung des Schwerpunkts Globalisierung in der Oberstufe, richtet sich dieser Kartenvergleich beziehungsweise diese Unterrichtssequenz vorrangig an Schüler(innen) der Oberstufe.

Die Lehrkraft erweckt im Einstieg zunächst die Neugier und Aufmerksamkeit der Schüler(innen) mithilfe eines offenen Gesprächsimpulses. Gemäß des Anforderungsbereiches I werden die Schüler(innen) mit der folgenden Frage konfrontiert: „Welcher Blickwinkel der Karte hat deine Aufmerksamkeit erweckt und warum? Welche anderen Aspekte hast hast du daraufhin entdeckt?" Eine vertiefende Frage ausgehend von der Lehrkraft, inmitten des anschließend stattfindenden Schüler-Lehrer-Gespräches, stellt folgende dar: „In welche Stimmung befördert dich diese Karte?" Diese Impulsfragen umfassen verschiedene Reproduktionsleistungen. Neben der Wiedergabe von Sachverhalten und dem Benennen verschiedener Aspekte, sollen auffällige Informationen aus dem vorgegebenen Material zusammenhängend und schlüssig wiedergegeben werden. (KREUS & VON DER RUHREN 2008:1). So wird die Abbildung 1, mit der Vorkenntnis des Begriffs „Bruttonationaleinkommen", präsentiert. Die Lehrkraft ermöglicht den Schülerinnen und Schülern mögliche Auffälligkeiten, irritierende Beobachtungen oder erste Feststellungen zu veräußern sowie anzumerken, was die Abbildung möglicherweise versinnbildlichen soll. Die besondere Wirkungsfähigkeit des Schulfaches Geographie zeichnet sich durch seine Raumbezogenheit aus. Im einführenden Abschnitt dieser Kartenarbeit wurde zunächst der Blickwinkel der klassisch-raumzentrierten Sicht beleuchtet. Da sich die Lerninhalte an der Alltagswelt der Schüler(innen) orientieren und die Gestaltung des Unterrichts auf selbstgesteuertes Erlernen gelotet ist, zeichnet sich diese Arbeit mit Karten durch die Schüler- sowie Handlungsorientierung aus. (THÜRINGER MINISTERIUM FÜR BILDUNG, WIRTSCHAFT UND KULTUR 2012:5). Wie bereits in der Sachanalyse dargelegt und von RHODE-JÜCHTERN (2012:64-65) thematisiert, bedarf es verschiedener Perspektivenwechsel, sowie dem Austausch von Brillen, um einen kritisch-geographischen Zugriff zu erlangen. Raumbezüge können – je nach Untersuchungsgegenstand und Problemstellung – auf Basis unterschiedlicher Möglichkeiten erschaffen werden. Die Kartendarstellung, die die Schüler(innen) in Abbildung 1 betrachten, repräsentiert eine vorerst bekannte, durch die Medien inszenierte Vorstellung bezüglich der Globalisierung. In der Erarbeitungsphase sollen die Schülerinnen und Schüler als Ergebnis der reflexiven Kartenarbeit erkennen, dass eine jede Karte lediglich ein verzerrtes Abbild der Realität darstellt und als gemachte Präsentation zu verstehen ist. Der Raum soll wahrgenommen werden, als etwas, das produziert wird im Miteinander zwischen der Gesellschaft sowie der Verständigung und vor dem Hintergrund des Globalen Lernens sollen die Komplexität und das Nicht-Wissen thematisiert werden. Gemeint ist ein kritisch-geografischer Zugriff, sodass die Beobachtungs- und Reflexionskompetenz gestärkt wird. Mit dem Hinzuziehen des Kartenmaterials aus Abbildung 2 und dem darauffolgenden Aufzeigen verschiedener Blickwinkel wird die Kontroversität gewährt und der Methoden- sowie Medieneinsatz bestärkt. In der Durchführungsphase führt die Lehrkraft einen Vergleich der Karten an. In dieser Phase ist es von großer Notwendigkeit, auf das, in der Sachanalyse bereits eingegangene, Hintergrundwissen zurückzugreifen. Die Lehrkraft wird zunächst einen Einblick bezüglich der Globalisierung in Afrika gewähren. Die Schüler(innen) werden erkennen, dass die in Abbildung 1 dargestellte Karte und deren Intention durch die, im folgenden aufgezeigten Fakten (M1), belegt wird.

„Afrika wird oft als Beweis dafür angeführt,

[…]

… noch weit hinter der nächst ärmeren Region Südasien."

(M1: W‌IEMANN 2002: o.S.).[1]

„Daß Entwicklungsländer von der Globalisierung auch profitieren können

[…]

wie der wirtschaftliche Aufstieg einer Reihe afrikanischer Länder zeigt."
(M2: W‌IEMANN 2002: o.S.).[2]

Mit dem Hinzuziehen der Abbildung 2 sowie dem zugehörigen Material (M2) wird zunächst das vertraute Wahrnehmungsmuster der Schülerinnen und Schüler gestört. Dieses Kartenmaterial, das sich auf Afrika unter dem Schwerpunkt der Globalisierung bezieht, wirkt irritierend, da die Schüler(innen) der festen Überzeugung sind, dass Afrika ein hoffnungslos, in den Fängen der Globalisierung, untergegangener Kontinent ist. Die Abbildung 2 veranschaulicht gegensätzliches, was mittels des Materials (M3) bestärkt und gefestigt wird. Gemäß dem Anforderungsbereich II werden folgende Aufgabenstellungen formuliert:

1. Vergleiche, unter hinzuziehen des Materials (M1 und M2) die Karten der Abbildungen 1 und 2.

   - Worin unterscheiden sich die Karten?
   - Formuliere jeweils eine Aussageabsicht.
   - Welche mögliche Autorintention verbirgt sich hinter den Karten?

Mit der Abbildung 2 „Die **wahre** Größe **Afrikas**" drängen sich den Schülern Fragen bezüglich der Karten herstellenden Prozesse und Gedanken des Kartenmachers unverzüglich auf. So dient der Einsatz dieser Karten dem Erlernen kritischen Hinterfragens indem ein Perspektivenwechsel vollzogen wird. Die Reorganisations- und Transferleistungen

---

[1] http://www.bpb.de/veranstaltungen/dokumentation/130259/afrika-im-zeitalter-der-globalisierung?p=all
[2] http://www.bpb.de/veranstaltungen/dokumentation/130259/afrika-im-zeitalter-der-globalisierung?p=all

umfassen das eigenständige Bearbeiten, Ordnen und Erklären der Sachverhalte. In der Vertiefung kann die Lehrkraft abschließend nach einer möglichen Problemlösung fragen, beziehungsweise eine Behauptung aufstellen und so eine Stellungnahme der Schülerinnen und Schüler bezüglich der zumeist einseitig abgebildeten Meinung zur Globalisierung erwirken. Der Erwartungshorizont der Lehrkraft zeichnet sich insofern aus, dass die Schüler(innen) die Intention der negativ behafteten Entwicklungsländer infolge der Globalisierung überdenken und ebenso positiv behaftete Intentionen betrachten und hinterfragen

5   Fazit

Ziel dieser vorliegenden Seminararbeit war es, angesichts der fachdidaktischen Pluralität aufzuzeigen, inwiefern ein kritischer Umgang mit Karten sowie ein raumzentrierter und kritisch geografischer Zugriff, erlangt werden kann. Es wurde bewiesen, dass es ein wesentliches Bestreben des Geographieunterrichts ist, die Schüler(innen) zu befähigen, Argumentationen auf der Basis von Karten zu vernehmen, kritisch zu hinterfragen und durch Gegenargumente zu entkräften. Anhand des präsentierten Kartenmaterials wurde am Beispiel Afrikas im Zeitalter der Globalisierung eine Kartenarbeit des kritischen Hinterfragens thematisiert. Vor dem Hintergrund des Lehrplans sowie der fachlichen und kartographischen Perspektiven wurde die Auswahl der Karten begründet. Auf Verfremdungen, Verzerrungen sowie Irritationen, die sich in der möglichen Auseinandersetzung mit dem vorliegenden Kartenmaterial ergeben, wurde verwiesen. Indem die Karten die komplexe Wirklichkeit begreifen und dezimieren, sind Karten ein beachtenswertes Medium der Orientierung und Verständigung. Dabei ist anzumerken, dass Karten lediglich ein verzerrtes Abbild der Realität darstellen und eine je unvollständige, aber einzigartige Sicht der Dinge ermöglichen. Als Zwischenziel dieses Kartenvergleichs wurde deutlich, dass die Karten als gemachte Präsentationen zu verstehen sind. Die Sachanalyse verdeutlichte, dass mit der reflexiven Kartenarbeit ein Perspektivenwechsel und die daraus resultierende Multiperspektivität einhergehen. Auch wenn der Diskurs Globalisierung bestimmte Vorstellungen erzwingt, die abermals Machtstrukturen als Ursprung haben, wurde die Botschaft offenbart, den angeblich nicht zu verändernden Entwicklungen individuelle Visionen entgegenzustellen. Daran anknüpfend wurde inmitten der Didaktischen Analyse, vor dem Hintergrund des kartographischen Zugriffs (raumzentriert und kritisch geographisch), des Vermittlungsinteresses und der didaktischen Prinzipien, die Zusammenführung der Methoden und Aufgaben begründet und dargelegt. Es wurde deutlich, dass die bereits benannte Multiperspektivität nicht ohne weiteres Quellenmaterial und Perspektivenwechsel verwirklicht werden kann. Dies hat zur positiven Folge, dass die Kompetenz erweitert wird, vielzählige Informationen einzubeziehen, einzuordnen und zu recherchieren. Die Reflexive Kartenarbeit ist kein langatmiger und umständlicher Prozess. Vielmehr ist sie ein gewinnbringender und integraler Zusatz zur Kartenarbeit, die ohnehin auf der klassischen Arbeit mit Karten aufbaut und demzufolge eng mit dieser verbunden ist. Die Kartenarbeit des kritischen Hinterfragens bietet einen Mehrwert für fachliches Erlernen. Indem Informationen stets kritisch überprüft und hinterfragt werden, dient die reflexive Kartenarbeit als Voraussetzung für selbstständiges Erlernen und Kommunizieren.

Literatur

BUDKE, A. (2014): Argumentationslupe – kartenbasierte Argumentationen kritisch hinterfragen. GRYL, I. (Hrsg.): Diercke. Reflexive Kartenarbeit – Methoden und Aufgaben. Duisburg: westermann, 86-91.

DAUM, E. (2011): Subjektive Kartographien und Subjektives Kartographieren. Ein Überblick. In: DAUM, E. & J. HASSE (Hrsg.): Subjektive Kartographie. Beispiele und sozialräumliche Praxis. Wahrnehmungsgeographische Studien, Band 26, Oldenburg, S. 11-41.

DGFG (2007): Bildungsstandards im Fach Geographie für den Mittleren Schulabschluss – mit Aufgabenbeispielen. Bonn.

GROBBAUER, H. & K. THALER (2010): Globales Lernen – die Welt deuten, erfahren verstehen. In: SCHRÜFER, G. & I. SCHWARZ (Hrsg.): Globales Lernen. Ein geographischer Diskursbeitrag. Münster: Waxmann, 125-147.

GRYL, I. (2014): Reflexive Kartenarbeit. Hinterfragen als alltägliche und fachliche Praxis. In: GRYL, I. (Hrsg.): Diercke. Reflexive Kartenarbeit – Methoden und Aufgaben. Duisburg: westermann, 4-9.

HÜTTERMANN, A. (2012): Karte. In: DUTTMANN, R., GLAWION, R., POPP, H., SCHNEIDER-SLIWA, R. & A. SIEGMUND (Hrsg.): Geographiedidaktik. Theorie – Themen – Forschung. Braunschweig: westermann, 192-213.

INTERNATIONAL CARTOGRAPHIC ASSOCIATION (2003): A strategic plan for the International Cartographic Association 2003-2011.

KREUS, A. & N. VON DER RUHREN (2008): Fundamente. Geographie Oberstufe. Stuttgart: Ernst Klett Verlag.

MICHEL, P., DEPNERING, J., WINTER, M. & C. NOETZLI (2014): Visualisierung von Wissen - Kartographie. <http://images.google.de/imgres?imgurl=http%3A%F% 2Fwww.enzyklopaedie.ch%2Fdokumente%2Fgeographica_folder%2Fworld population.jpg&imgrefurl=http%3A%2F%2Fwww.enzyklopaedie.ch%2F dokumente%2Fgeographica.html&h=664&w=1339&tbnid=TZSRd-X7awt TEM%3A&docid=yYWDmTBjPhdFaM&ei=zNCZV67uBayF6AT02quo Cw&tbm=isch&client=safari&iact=rc&uact=3&dur=691&page=1&start=0&

ndsp=16&ved=0ahUKEwiuhPnR7JXOAhWsApoKHXTtCrUQMwgjKAE
wAQ&bih=729&biw=1303> (Stand: März 2016) (Zugriff: 03.07.2017).

RHODE-JÜCHTERN, T. (2012): Perspektiven und Visionen. In: DUTTMANN, R., GLAWION,
R., POPP, H., SCHNEIDER- SLIWA, R. & A. SIEGMUND (Hrsg.):
Geographiedidaktik. Theorie – Themen – Forschung. Braunschweig:
westermann, 64-68.

STRATEGIEGRUPPE GLOBALES LERNEN (2009): Strategiepapier Globales Lernen.
<http://www.komment.at> (Stand: 01.02.2010) (Zugriff: 21.07.2016).

THÜRINGER MINISTERIUM FÜR BILDUNG, WIRTSCHAFT UND KULTUR (2012): Lehrplan
für den Erwerb der allgemeinen Hochschulreife. Geographie.

WIEMANN, J. (2002): Afrika im Zeitalter der Globalisierung. – Bundeszentrale für
politische Bildung, <http://www.bpb.de/veranstaltungen/dokumentation/130259/
afrika-im-zeitalter-der-globalisierung?p=all> (Stand: 25.07.2002) (Zugriff:
03.07.2016).